# CONSIDÉRATIONS GÉNÉRALES

## SUR

## LES APPLICATIONS

## DE LA GÉOMÉTRIE,

### PAR CHARLES DUPIN.

Les personnes qui commencent à cultiver la haute géométrie, ne sauraient soupçonner le charme qu'elles éprouveront, un jour, à ce travail. Elles ne voient, dans les premiers rudiments de la science, qu'un enchaînement inextricable, de propositions abstraites, de démonstrations épineuses, de descriptions qui fatiguent et rebutent l'intelligence.

C'est, en effet, une étude fort pénible que celle des premières conceptions de la géométrie à trois dimensions. Il faut apprendre à se représenter, en idée, des surfaces et des courbes dont les formes, d'une complication plus ou moins grande, sont variées à l'infini. Il faut les voir par les yeux de l'esprit, se couper, se toucher, s'envelopper, suivant des conditions données. Mais, quand ce travail intellectuel nous a rendus familiers avec les propriétés qui caractérisent les principales espèces de courbes et de surfaces, il semble qu'un nouvel ordre de conceptions vienne d'être créé dans notre entendement. Nous découvrons des rapports généraux, immuables, qui sont les lois éternelles de l'étendue figurée. Ces vérités mathématiques, loin d'être abstraites, se présentent à notre intelligence, sous des aspects visibles et pour ainsi dire palpables.

Voilà comment l'imagination, qui semblait étrangère à des conceptions purement rationnelles, crée en quelque sorte un monde nouveau dont les objets, soumis dans leur position, dans leur figure et dans leurs mouvements, à des règles invariables, présentent de toutes parts, des idées d'ordre, de constance et d'harmonie.

Lorsqu'ensuite nous passons de ce monde géométrique à la réalité du monde physique, nous retrouvons, dans les espaces que la matière occupe et dans les espaces qu'elle parcourt, les formes abstraites que la science avait imaginées. Les lois générales auxquelles sont assujetties ces abstractions mathématiques, reçoivent tour à tour leur application. L'esprit humain découvre, avec une surprise où le plaisir est égal à l'admiration, que l'univers et ses phénomènes portent dans leur existence, le type ineffaçable de ces formes idéales et de ces lois théoriques.

Voulons-nous comprendre l'immense différence qui se trouve entre cette nouvelle manière d'envisager la nature, et la manière dont l'envisage un vulgaire ignorant ? Prenons pour exemple le spectacle du ciel.

Aux yeux du vulgaire, une concavité (*) solide, et pour

---

(*) Les Latins, qui ont tiré une foule de mots de la langue grecque, ont appelé le ciel, *cœlum* ; d'après l'adjectif κιλον, creux, concave.

cette raison même appelée le *ciel*, le *firmament*, est parse-
mée de points lumineux, qui semblent tous à la même distance
du spectateur, et comme des flambeaux dispersés sur le fond
d'une voûte azurée. Lorsqu'on les regarde long-temps, on voit
bien qu'ils changent de position par rapport à la terre; quelques-uns même s'approchent ou s'éloignent les uns des autres;
mais ils errent (*) dans l'espace, en suivant des voies dont rien
n'annonce et dont rien ne conserve la trace. C'est ainsi qu'aux
yeux de l'ignorance, tout paraît insignifiant et borné, dans
l'immensité de l'univers, et dans l'harmonie du mouvement
des mondes.

Le géomètre qui contemple les cieux, y reconnaît un tout
autre spectacle! Il interrompt, par la pensée, la continuité de la
voûte céleste, et l'égalité supposée de ses distances à la terre. Il
se forme une idée, une mesure de ces éloignements, dont l'é-
tendue, découverte par son génie, paraît incommensurable
avec la grandeur des objets qui tombent sous nos sens. Lorsqu'il étudie la marche des corps célestes, il ne les regarde plus
comme errant au hasard dans le vague de l'espace. Il se figure
avec précision leurs routes invisibles. Il se représente la ligne
droite, dans la voie que suit la lumière, pour arriver des
astres jusqu'à notre globe. Il se représente le cercle, dans la
courbe que décrit chaque point des planètes et de leurs satel-

---

(*) Error, se dit en grec πλάνω. Πλανήτης (*planètes*), est à la fois la désignation d'une
planète, et d'un homme dont l'esprit errant à l'aventure est sujet à s'égarer. Le nom
latin des étoiles, *stellæ*, vient du grec στέλλομαι, *je voyage ;* et les Romains appelaient
les planètes, *stellæ erraticæ*, *étoiles errantes*.

lites, en tournant autour de leurs axes respectifs. Pour lui l'ellipse est tracée dans les cieux; c'est l'orbe où circule chaque planète, autour du soleil. Le foyer de cette ellipse est un point qui, dans sa pensée, coïncide avec un autre point immatériel : c'est le centre même de l'astre qui nous donne la lumière, les jours et les années. Il fait passer par ce centre un axe mathématique, autour duquel il voit circuler tous les corps de notre système planétaire. Il conçoit un plan, invariable dans sa direction, d'une position constante par rapport à ce système, et qui sans dépendre, ni des ans, ni des siècles, se transporte avec l'ensemble des planètes et de leurs satellites, à travers l'immensité des espaces célestes.

Mais par quels moyens reconnaîtra-t-il la réalité d'un mouvement circulaire, que nous ne pouvons ni voir ni sentir; parce qu'il entraîne à chaque instant tout notre globe; et semble, par cela-même, entraîner dans un sens opposé l'Univers autour de nous? C'est en étudiant la figure de la terre; de la terre dont la mesure a donné son nom propre à la géométrie (*). La rotation des corps célestes est écrite en caractères ineffaçables, dans les formes sphéroïdales qu'elle imprime à leur surface. Elle est écrite dans les rapports que la science découvre, entre le volume et la moyenne densité, entre le diamètre et l'aplatissement de toutes les planètes et de leurs satellites.

Des surfaces de révolution sont produites, ainsi, par la perpétuité des grands mouvements de la nature.

---

(1) De γαῖα, *terre*, et μέτρον, *mesure*, on a fait le mot *Géométrie*, mesure de la terre.

**Des** surfaces développables sont pareillement tracées dans l'étendue des cieux : elles forment la limite qui sépare l'espace éclairé par des rayons solaires, et l'espace privé de ces rayons par l'opacité des planètes et de leurs satellites.

Grâce à la connaissance de ces formes géométriques, des phénomènes qui remplissaient de terreur les nations encore dans l'enfance, des phénomènes qui leur semblaient un renversement des lois de la nature, et le signal de catastrophes plus grandes encore, les éclipses ne sont plus que la rencontre prévue d'une surface développable, limite des ombres portées par un corps céleste, sur la surface sphéroïdale de quelqu'autre corps céleste. Et la prédiction des éclipses, de leur localité, de leur durée, de leur intensité, regardée long-temps comme une révélation que la seule divinité pouvait faire aux mortels, n'est plus que la solution d'un simple problème de géométrie.

Par ces hautes conceptions, l'Univers a cessé d'apparaître aux yeux des hommes, sous l'aspect incohérent des éléments de la matière, dispersés ou réunis, découverts ou cachés, par les caprices du hasard. L'intelligence humaine a connu par degrés qu'une géométrie sublime préside aux mouvements, aux formes, aux rapports de grandeur et de position de tous les corps célestes. Notre savoir s'est élevé, dans les applications d'une admirable théorie, jusqu'à connaître l'ensemble des parties figurées de l'espace qui furent, qui sont ou qui seront le lieu, le centre, ou l'axe, ou l'orbite, des mouvements perpétuels que suivent les grandes masses de notre système planétaire et leurs moindres éléments. Ainsi,

dans l'espace et dans la durée, depuis l'infiniment petit jusqu'à l'infini, tout est soumis à des lois mathématiques.

En méditant sur ces lois immuables et savantes, par les-
quelles une Suprême Intelligence régit le temps et l'Univers,
les sages n'ont pu trouver, pour l'appeler d'après ses œuvres,
aucun titre plus juste et plus sublime, que celui de l'ÉTERNEL
GÉOMÈTRE.

Si nous revenons sur la terre, pour examiner les phénomènes qui s'y montrent de plus près à nos regards, nous
retrouvons encore, dans tous les lieux, et dans tous les ins-
tants, les traces mathématiques des lois générales de la matière
et de l'étendue. De semblables découvertes, attrayantes par leur
objet, le sont encore plus par leurs conséquences. Elles nous
offrent une application de la géométrie, pleine à la fois d'intérêt et d'utilité. Ébauchée par les philosophes des temps an-
tiques, cette application n'a pris que dans les siècles modernes,
un grand caractère de généralité, de profondeur et d'importance. La physique lui doit d'avoir passé, du rang des sciences
conjecturales, au rang des sciences exactes : c'est-à-dire, des
sciences dont la vérité rigoureuse est établie, par des moyens
mathématiques, sur les données de l'observation et de l'expérience.

Les arts d'utilité, comme ceux d'agrément, les arts mêmes
qui semblent n'emprunter qu'à l'imagination, les œuvres de
leur génie, toutes ces créations de l'industrie sociale, doivent
à la science dont nous voulons apprécier les services, la con-
venance et l'harmonie des-proportions, la fidélité des formes

imitées, et la perfection des formes idéales. Dans le simple méchanisme des beaux-arts, la même science a produit la certitude et la précision des procédés et des résultats.

Ainsi l'architecture emprunte ses tracés à la géométrie, pour composer les plans de ses édifices et leur donner la régularité, pour figurer le galbe de ses voûtes, pour modeler et contourner les colonnes qui supportent ses dômes et ses portiques; enfin, pour donner à la coupe de ses pierres, à l'assemblage de ses bois, les formes savantes dont l'économie ingénieuse, fidèle à toutes les convenances du présent et de l'avenir, procure aux matériaux mis en œuvre, et l'élégance qui n'ôte rien à la force, et la légèreté qui n'ôte rien à la durée.

La sculpture ne saurait reproduire avec une entière fidélité, les objets qu'elle a pour but d'imiter, à moins d'emprunter le compas du géomètre(*), et d'acquérir la connaissance des positions qui, seules, conviennent à l'équilibre, ou bien à des mouvements opérés suivant des lignes et sur des plans déterminés. La sculpture des bas-reliefs est plus qu'une simple projection des objets à représenter; elle est moins que le relief même des objets naturels. C'est encore à la géométrie qu'il appartient de

_______________

(*) Lorsqu'une statue est modelée, et qu'il s'agit de l'exécuter en pierre ou en marbre, on marque sur la surface du modèle, un nombre de points assez grand pour déterminer la forme et la position des principales parties. Ensuite on emploie des méthodes géométriques de projection, pour reporter ces points sur la copie. Tantôt on se sert de coordonnées horizontales et verticales, respectivement parallèles à trois plans perpendiculaires entr'eux. Tantôt on prend trois points principaux pour origine de coordonnées polaires. Alors la position de chaque point secondaire, est donnée par sa distance aux trois foyers, ou à d'autres points déjà déterminés de position par le moyen de ces foyers.

régler les dégradations de forme, de grandeur et de position, qui servent à distinguer les objets rejetés sur des plans plus ou moins éloignés, ou placés au premier plan de ces tableaux à trois dimensions, dans lesquels le ciseau, par ses prestiges, doit égaler la magie des chefs-d'œuvre de la palette et du pinceau.

La peinture, elle-même, a besoin de connaître les principes géométriques, par lesquels on détermine le décroissement apparent, et la déformation des objets considérés à diverses distances. La lumière qui les éclaire, les reflets qu'elle fait naître, les ombres qu'elle projette, ont des directions et des contours, des dégradations et des nuances dont la géométrie reproduit et mesure la position, la figure et l'intensité.

Enfin, la musique n'est pas sans rapports avec la science de l'étendue. Les instruments qui servent aux artistes pour exécuter leurs concerts, ont des formes, des proportions, des épaisseurs dont cette science féconde donne les éléments et fixe les dimensions (*). Les temps égaux qui constituent la

---

(*) Nous pouvons citer pour exemple l'art de fabriquer les violons. Aussi long-temps qu'on abandonna cet art aux tâtonnements d'une pratique ignorante, les instruments, lorsqu'ils sortaient de la main du luthier, n'annonçaient en rien ce qu'ils pourraient devenir avec l'aide du temps. Un élève distingué de l'École Polytechnique, M. Chanot, officier du génie maritime, a fait l'examen des déformations que le temps apporte aux instruments à cordes, ainsi que des rapports qui se trouvent entre le lieu, le sens, l'étendue des vibrations, et la forme, l'épaisseur, la disposition des bois employés dans la fabrique des violons. En s'appuyant sur de telles recherches, il en a déduit des règles géométriques pour exécuter ces instruments avec une parfaite exactitude. Le succès a pleinement justifié sa théorie. Il a trouvé le moyen de construire des violons qui, dès l'instant où le musicien commence à s'en servir, ont toutes les qualités que le temps seul peut donner aux instruments fabriqués par la routine.

Mesure, ces temps dont la vitesse règle ce qu'on appelle le Mouvement de la musique, et procure à l'exécution le caractère précis qu'elle doit avoir, pour rendre les effets imaginés par le compositeur; ces temps ne peuvent être reproduits avec exactitude, dans tous les lieux ainsi qu'à toutes les époques, si l'on n'emploie l'indication régulière d'un compteur ou d'un pendule dont la géométrie détermine la grandeur et la figure.

Voilà quelques-uns des services que la science de l'étendue peut rendre aux beaux-arts. Parlons, maintenant, des services qu'elle doit rendre aux arts des travaux publics. Ces derniers ayant pour objet d'exécuter avec une grande précision, les formes conçues par les ingénieurs, pour des édifices importants et pour des opérations d'utilité générale, ils éprouvent plus que les autres branches de l'industrie humaine, le besoin des secours de la géométrie. Aussi les créateurs de la célèbre École des Travaux Publics (*), ont-ils fait, de cette science fondamentale, la base d'un enseignement admirable par son ensemble primitif.

Les élèves qu'a produits cette école, rivalisant bientôt avec leurs illustres maîtres, ont tenté dans les diverses carrières où

---

(*) C'est le nom sous lequel fut instituée l'École Polytechnique. On a préféré cette dernière dénomination, parce qu'elle indique le but spécial que devait avoir l'enseignement : celui de former des élèves dans la théorie générale des arts. Il est fâcheux qu'on s'éloigne de plus en plus d'un tel but. J'ose dire que la marche nouvelle est non-seulement étrangère, mais nuisible à l'esprit d'application qui doit caractériser les études et les travaux de l'ingénieur : quelque soit le corps auquel il se destine. Et, ce qui doit frapper les esprits observateurs, c'est que l'École Polytechnique a cessé de produire des géomètres, depuis qu'elle a quitté la méthode qu'on aurait pu ne croire propre qu'à produire de grands ingénieurs.

les a jetés leur destinée, d'appliquer la même science à la conception, à l'exécution des travaux confiés à leurs soins. Les arts les plus essentiels à la force, au bien-être, à l'ornement de la société, sont devenus tour à tour l'objet de leurs perfectionnements et de leurs inventions.

Dans l'essai que j'ai publié sur les services et les travaux scientifiques de G. Monge, qui fut le principal fondateur de l'École Polytechnique, j'ai tâché de donner une idée des progrès dont les professions les plus utiles sont redevables aux savantes conceptions, aux applications ingénieuses de ce grand géomètre. Pour montrer tous ses bienfaits en faveur des mêmes branches de notre industrie, il fallait aussi rappeler jusqu'à quel degré ses successeurs ont avancé dans la carrière qu'il leur a si largement ouverte. Ce travail avait pour moi non moins de charmes, que l'exposition des travaux mêmes qui sont la gloire de Monge. Aussi n'ai-je point séparé du récit des bienfaits répandus par le maître, l'histoire des services rendus à la science et à la patrie, par les élèves qu'il a chéris comme l'élite d'une illustre famille.

En m'essayant sur les routes parcourues avec tant d'éclat par mes anciens et par mes nouveaux condisciples, j'ai tâché de cultiver et d'appliquer aussi la géométrie. Depuis l'instant où j'ai pris rang parmi les officiers du corps auquel j'ai l'honneur d'appartenir, je me suis efforcé, suivant mes faibles moyens, de concourir à leurs tentatives pour améliorer les conceptions et les travaux de nos arts.

Je réunis maintenant, en un volume, les applications que

j'ai faites, de la géométrie, à diverses questions relatives aux travaux publics (*).

Dans un premier Mémoire, je présente une théorie nouvelle de la stabilité des corps flottants, fondée sur les principes de la courbure des surfaces. Il serait superflu d'insister sur le besoin de traiter un semblable sujet, pour les arts relatifs à la navigation sur les mers, sur les fleuves, et même sur les canaux.

Dans un second Mémoire, je traite des routes isolées. Les ingénieurs de la marine ont souvent à diriger l'exploitation des forêts, et le transport des bois propres à la charpente ainsi qu'à la mâture des vaisseaux ; souvent, alors, ils sont chargés de tracer et d'ouvrir des routes, afin d'effectuer cette exploitation et ce transport. Lorsque les mêmes ingénieurs sont appelés dans les armées de terre, avec leurs ouvriers ( comme ils l'ont été durant les guerres passées ), ils peuvent être chargés de tracer et d'ouvrir des voies militaires, à travers les forêts et les montagnes. J'ai recherché d'après quels principes ils doivent exécuter ces travaux qui sont l'œuvre habituelle

---

(*) Qu'il nous soit permis de citer l'opinion que s'est formée de ces applications , une commission nommée par la première Classe de l'Institut (en 1812 ), pour examiner les premiers Mémoires de mes *Développements de Géométrie*. La commission choisie par l'Institut comptait pour membres MM. Carnot, Monge , et Poisson rapporteur.

« Les recherches que nous venons d'exposer prouvent qu'au milieu des travaux dont il a été chargé, M. Dupin n'a pas perdu de vue les objets de ses premières études. Elles font désirer qu'un ingénieur qui réunit des connaissances si étendues en Géométrie et en Analyse, publie bientôt l'ouvrage dans lequel il se propose de les *appliquer* à des questions de pratique et d'utilité publique. Nous pensons que ses trois Mémoires sont très-dignes de l'approbation de la Classe, et nous proposerions de les insérer dans le *Recueil des Savants Étrangers* , si l'auteur ne les avait destinés lui-même à un autre usage. »

du corps des Ponts et chaussées. Puissent les ingénieurs de ce corps célèbre par ses talents et par ses lumières, consulter avec quelqu'intérêt et quelque fruit, cet essai sur des questions auxquelles ils attachent, à juste titre, une haute importance.

Dans le troisième Mémoire, je considère les routes qu'il faut suivre, pour opérer les transports connus sous le nom de *déblais* et de *remblais*. Ces transports n'appartiennent pas seulement aux travaux des Ponts et chaussées, et de l'Architecture civile. Ils sont également opérés dans la plupart des autres services publics ; dans le Génie maritime, le Génie militaire, l'Artillerie, les Mines, etc.

Par exemple, lorsqu'il faut transporter des bois de construction, d'un parc dans un autre, ou d'un parc sur les chantiers, ou des calles de débarquement dans un dépôt ; lorsqu'il s'agit d'opérer un semblable déplacement pour des bouches à feu, des projectiles, etc., lors même qu'il s'agit de faire passer des corps de troupes, d'une position donnée dans une autre position pareillement donnée ; enfin, lorsqu'il s'agit d'exécuter les terrassements que les ingénieurs militaires et les officiers d'artillerie ont à diriger, pour construire des fortifications, des retranchements et des batteries : dans tous ces cas, il faut résoudre des problèmes de déblais et de remblais, si l'on veut effectuer les transports avec le plus d'ordre, d'économie et de rapidité qu'il soit possible de mettre à de semblables opérations. Ce sujet, comme celui du tracé des routes isolées, intéresse donc à la fois tous les services publics.

Le même sujet nous offre un exemple des abstractions de la

géométrie, réalisées dans les phénomènes de la nature, et recevant en quelque sorte, avec une existence nouvelle, un nouveau degré d'intérêt et d'utilité. Les routes suivies par la lumière et par les rayons sonores, dans les phénomènes de la réflexion et de la réfraction, sont soumises à des lois qui reproduisent avec une entière fidélité, les règles géométriques des transports les plus avantageux, sur des routes mathématiques, et pour des prix donnés. Le développement de ces propriétés est l'objet du quatrième Mémoire.

Dans le cinquième et dernier Mémoire (*), je reviens aux applications qui concernent la Marine. Je cherche à montrer comment on peut combiner les connaissances données par la pratique, sur la structure des bâtiments de guerre, avec les lois scientifiques qui régissent la forme, la stabilité, la force et la durée de ces grands corps flottants. Ce travail n'a pas été stérile. Déjà notre marine en a tiré quelque avantage (**). Peut-être, avec le temps, serai-je assez heureux pour voir adopter toutes les conséquences qui doivent en découler.

C'est dans le même Mémoire que je détermine la position

---

(*) La Société royale de Londres nous a fait l'honneur de l'insérer dans ses *Transactions Philosophiques*, pour l'année 1817 (première Partie). Nous le publions maintenant plus correct et plus complet.

(**) On a fait l'essai du système dont j'ai proposé l'adoption, sur une frégate française, et conformément au devis d'exécution dont j'ai fourni les données. Cette expérience a si bien réussi, qu'au rapport de M. Tupinier, directeur des constructions navales, la déformation éprouvée par la nouvelle frégate n'a pas été le *cinquième* de celle qu'éprouvent ordinairement les frégates de même rang, lors de leur mise à l'eau : ces déformations étant mesurées, suivant la règle reçue, d'après la flèche de l'arc que prend la quille des bâtiments. ( Voyez *Annales Maritimes*, 1822. )

des plans suivant lesquels les vaisseaux tendent à se déformer avec un effort *maximum* ou *minimum*, par l'action répulsive du fluide, opposée à l'action verticale de la pesanteur. La solution de ce problème de méchanique, en apparence assez difficile, se trouve ramenée à la solution d'un problème facile de géométrie ordinaire. Le théorème fort simple sur lequel est fondé ce nouveau moyen, semble mériter d'être introduit dans les traités élémentaires de méchanique ; par sa simplicité même, et pour l'utilité dont il peut être dans les arts de la marine. De tels services pratiques, dérivés des résultats abstraits de la science, ont toujours été l'objet final de mes vues ; même dans les travaux où, d'abord, j'ai paru ne songer qu'aux seules recherches d'une théorie spéculative et générale.

Ainsi, lorsque j'ai publié mes *Développements de géométrie*, on a pu regarder les théories qu'ils renferment, et les propriétés de la courbure des surfaces qui s'y trouvent présentées, comme des vérités abstraites et sans utilité pratique. Il me semble que les applications maintenant offertes au public, ne permettront plus d'en porter le même jugement.

On verra, par exemple, que la théorie de la courbure des surfaces, sert à démontrer beaucoup de propriétés nouvelles, qui sont des lois générales de la stabilité des corps flottants. La théorie des *tangentes conjuguées* et des *indicatrices*, fait aussi connaître, par rapport à l'équilibre des corps flottants, plusieurs propriétés nouvelles des *stabilités conjuguées*.

Si des rayons de lumière, émanés d'un foyer primitif, rencontrent un miroir dont la surface est d'une forme quelconque, alors, des *courbes conjuguées* sont décrites à la fois sur ce miroir, et par les rayons incidents et par les rayons réfléchis. appartenant à des surfaces développables. Il y a plus : les propriétés des *tangentes conjuguées* font voir avec facilité, d'une part, que les deux séries conjuguées de surfaces développables formées par des rayons incidents, de l'autre part, que les deux séries conjuguées de surfaces développables formées par des rayons réfléchis, se croisent partout sous un angle constant, égal à l'angle droit.

Les courbes du second degré n'ont pas seulement un ou deux foyers situés dans le plan de ces courbes. J'ai prouvé qu'elles en ont une infinité d'autres : l'ensemble des foyers appartenant à chacune de ces lignes, forme une courbe du même ordre.

Cette propriété trouve pareillement son application dans l'optique et dans l'acoustique. En considérant tour à tour les courbes du second degré, comme *indicatrices* de la courbure des surfaces qui réfléchissent la lumière ou les sons, et comme *indicatrices* de surfaces auxiliaires de révolution tangentes aux premières, on voit qu'elles présentent certains foyers communs. Or, ces foyers sont le lieu de la rencontre des rayons lumineux ou des rayons sonores, après la réflexion.

Ainsi la position des échos et celle des ombilics catoptriques, nous sont données ( d'après la forme des surfaces réfléchissantes), par les théories des *tangentes conjuguées*, *des indicatrices*, et des *foyers* de ces indicatrices.

Enfin, ce qu'il y a de remarquable, ces théories géométriques permettent de résoudre graphiquement, avec simplicité, avec rapidité, des problèmes d'optique et d'acoustique, lesquels, traités par le calcul, se présentent sous des formes algébriques extrêmement compliquées. La complication est si grande, en effet, qu'elle a rendu possible une grave erreur de calcul, commise par un très-habile analyste, en cherchant à trouver les propriétés corrélatives des faisceaux de rayons incidents, et de rayons réfléchis ou réfractés par des surfaces de forme quelconque.

Ainsi les nouveaux éléments de la courbure des surfaces, dont la définition, les caractères et les rapports se trouvent exposés dans les *Développements de géométrie*, ne sont pas des éléments abstraits et sans application. Nous les retrouvons dans les recherches qu'exige la théorie de plusieurs arts utiles. Nous les retrouvons dans les phénomènes de la nature. Les propriétés inhérentes à ces éléments géométriques, se présentent à nous comme des lois qui régissent ces phénomènes ; et la solution de plusieurs problèmes généraux d'hydrostatique, de catoptrique et d'acoustique, est donnée d'une manière prompte et facile, par l'enchaînement de ces mêmes propriétés.

C'est à des géomètres plus habiles et plus profonds dans leurs recherches, qu'il appartient d'offrir des résultats plus importants, et d'agrandir davantage le domaine de la science. Si quelques juges reconnaissent que nous avons ajouté quelque chose aux connaissances de la pure géométrie, et quelque chose à ses moyens d'application, nous aurons obtenu tout ce qu'a pu nous promettre notre espérance.

IMPRIMERIE DE FAIN.

www.ingramcontent.com/pod-product-compliance
Lightning Source LLC
LaVergne TN
LVHW010243030726
842520LV00007B/2716